Iti Sarin
M. K. Chattopadhyay

Sistema inteligente de automação e segurança usando LabView

Iti Sarin
M. K. Chattopadhyay

Sistema inteligente de automação e segurança usando LabView

ScienciaScripts

Imprint
Any brand names and product names mentioned in this book are subject to trademark, brand or patent protection and are trademarks or registered trademarks of their respective holders. The use of brand names, product names, common names, trade names, product descriptions etc. even without a particular marking in this work is in no way to be construed to mean that such names may be regarded as unrestricted in respect of trademark and brand protection legislation and could thus be used by anyone.

Cover image: www.ingimage.com

This book is a translation from the original published under ISBN 978-3-659-89343-8.

Publisher:
Sciencia Scripts
is a trademark of
Dodo Books Indian Ocean Ltd. and OmniScriptum S.R.L publishing group

120 High Road, East Finchley, London, N2 9ED, United Kingdom
Str. Armeneasca 28/1, office 1, Chisinau MD-2012, Republic of Moldova, Europe
Managing Directors: Ieva Konstantinova, Victoria Ursu
info@omniscriptum.com

Printed at: see last page
ISBN: 978-620-8-57186-3

RESUMO

A rápida adoção do PC nos últimos 20 anos catalisou uma revolução na instrumentação para teste, medição e automação. O conceito de instrumentação virtual é um dos principais desenvolvimentos resultantes da ubiquidade do PC. Este conceito oferece uma série de vantagens a engenheiros e cientistas para aumentar a produtividade, a precisão e o desempenho.

Neste caso, estamos a construir uma casa inteligente utilizando o ambiente baseado na interface gráfica do utilizador (GUI) LabVIEW. O objetivo de escolher um projeto sobre um *sistema de automação e segurança utilizando* o LabVIEW é aprender e construir um protótipo de um sistema inteligente de automação e segurança. O LabVIEW é um software utilizado para uma grande variedade de aplicações de aquisição de dados na indústria. Pode ser implementado sem qualquer conhecimento profundo de linguagens como JAVA, C, C++, etc. É de fácil utilização e permite poupar tempo. A depuração do código-fonte, ou seja, de um VI no LabVIEW, é mais fácil do que noutras linguagens devido aos códigos gráficos.

Este trabalho descreve a automatização e o controlo de um sistema utilizando o LabVIEW (NI) com sensores como o LM35, o LDR, um sensor de movimento e LEDs controlados manualmente. O sistema adquire dados automatizados do ambiente sob a forma de temperatura, luz, movimento, etc. Os sinais recebidos são visualizados no painel frontal. A programação é efectuada através de diagramas de blocos.

AVISO DE RECEPÇÃO

Todos os projectos, grandes ou pequenos, são um sucesso graças, em grande parte, aos esforços de um grande número de pessoas maravilhosas que sempre deram os seus valiosos conselhos ou deram uma mãozinha. Agradecemos sinceramente a inspiração, o apoio e os conselhos de todos aqueles que contribuíram para o êxito deste trabalho. Estamos profundamente gratos aos nossos amigos pelo seu apoio e ajuda constantes. Gostaríamos também de expressar a nossa profunda gratidão aos nossos pais pelo seu apoio moral e encorajamento.

LISTA DE ABREVIATURAS

LabVIEW	**Laboratory Virtual Instrumentation engineering workbench**
PC	**Personal Computer**
DC	**Direct Current**
AC	**Alternate Current**
OS	**Operating System**
NI	**National Instruments**
DAQ	**Data acquisition**
VI	**Virtual Instruments**
LM	**Linear Monolithic**
LDR	**Light dependent resistor**
LED	**Light emitting diode**

ÍNDICE DE CONTEÚDOS

CAPÍTULO 1
INTRODUÇÃO AO PROJECTO

1. Casa inteligente

A tecnologia "casa inteligente" é uma realização de ideais de automatização doméstica que utiliza um conjunto específico de tecnologias. Trata-se de uma casa equipada com sistemas automáticos altamente avançados para iluminação, controlo da temperatura, segurança, electrodomésticos e muitas outras funções. Os sinais codificados são enviados através da cablagem da casa para interruptores e tomadas que estão programados para operar electrodomésticos e aparelhos electrónicos em todas as divisões da casa. Uma casa inteligente parece "inteligente" porque os seus sistemas informáticos podem monitorizar muitos aspectos da vida quotidiana. À medida que o número de dispositivos controláveis em casa aumenta, a capacidade de estes dispositivos se interligarem e comunicarem entre si digitalmente torna-se uma caraterística útil e desejável. A consolidação dos sinais de controlo ou monitorização de dispositivos, equipamentos ou serviços básicos é um objetivo da domótica. A tecnologia doméstica inteligente pode basicamente interagir com um computador. Pode também fornecer uma interface remota com os electrodomésticos ou o sistema de automatização através de uma linha telefónica, transmissão sem fios ou Internet. Pode também permitir o controlo e a monitorização através de um smartphone por meio de um navegador Web [1].

Este trabalho faz uma apresentação preliminar da infraestrutura inteligente do nosso departamento, ou seja, a Escola de Eletrónica. O LabVIEW (Laboratory Virtual Instrumentation Engineering Workbench) é utilizado para controlar o sistema principal. O LabVIEW da National Instruments (NI) é um ambiente de desenvolvimento de software que contém vários componentes. Este software é utilizado para uma grande variedade de aplicações na indústria. O sistema principal é composto por quatro subsistemas:

- Acender as luzes (neste caso, LEDs) manualmente através do LabVIEW em diferentes divisões.
- A luz do alpendre acende-se automaticamente no escuro. É utilizado um LDR para detetar a intensidade da luz e enviar o sinal adequado ao sistema de controlo.
- Alarme de temperatura, por exemplo em caso de incêndio. Para o efeito, é utilizado um LM35 (sensor de temperatura). O LM35 é utilizado para detetar a temperatura ambiente e reflecte o resultado no painel frontal,

alertando-nos depois através da emissão de um sinal sonoro. No nosso modelo, utilizámos este sensor na despensa para detetar um incêndio ou uma situação de perigo resultante de um aumento de temperatura numa determinada zona.

- Deteção de movimentos indesejados durante a noite. O sensor de movimento PIR é utilizado para a deteção. No nosso modelo, o sensor de movimento PIR é utilizado na entrada principal. Se for detectado movimento do corpo humano dentro do alcance do sensor PIR, este detecta o movimento e apresenta o resultado no painel frontal com um sinal sonoro.

Um computador com software LabVIEW actua como o controlador principal de todos os sistemas da casa. Recebe dados de sensores colocados em toda a casa, processa a informação e actualiza os dados dos vários sistemas, e transmite um sinal de controlo aos sistemas da casa que resulta em saídas, ou seja, a ligação de aparelhos. Além disso, o LabVIEW é capaz de monitorizar operações importantes do sistema para os utilizadores, para que estes estejam a par das alterações no sistema.

Organização do livro :

O Capítulo 1 apresenta o projeto. O Capítulo 2 apresenta o software utilizado, o LabVIEW. O Capítulo 3 descreve o hardware e as suas especificações. O Capítulo 4 descreve o projeto e a análise do sistema. O Capítulo 5 conclui o trabalho.

CAPÍTULO 2
INTRODUÇÃO AO BVIEW

2.1 Visão geral do LabVIEW :

O LabVIEW é um ambiente de desenvolvimento para a criação de aplicações personalizadas que interagem com dados ou sinais do mundo real em áreas como a ciência e a engenharia. O resultado líquido da utilização desta ferramenta é que os projectos de maior qualidade podem ser concluídos em menos tempo e com menos pessoas envolvidas. A produtividade é, por conseguinte, a principal vantagem, mas esta é uma afirmação geral. O LabVIEW é único porque fornece esta grande variedade de ferramentas num único ambiente, garantindo que a compatibilidade é tão simples como puxar fios entre funções.

O LabVIEW é uma plataforma e um ambiente de desenvolvimento para uma linguagem de programação visual da National Instruments. A linguagem gráfica é designada por "G". Lançado originalmente para o Apple Macintosh em 1986, o LabVIEW é amplamente utilizado para aquisição de dados, controlo de instrumentos e automação industrial numa variedade de plataformas, incluindo o Microsoft Windows, várias variantes do Linux e o Mac OS X [2].

Fig.2.1 Instantâneo do LabVIEW

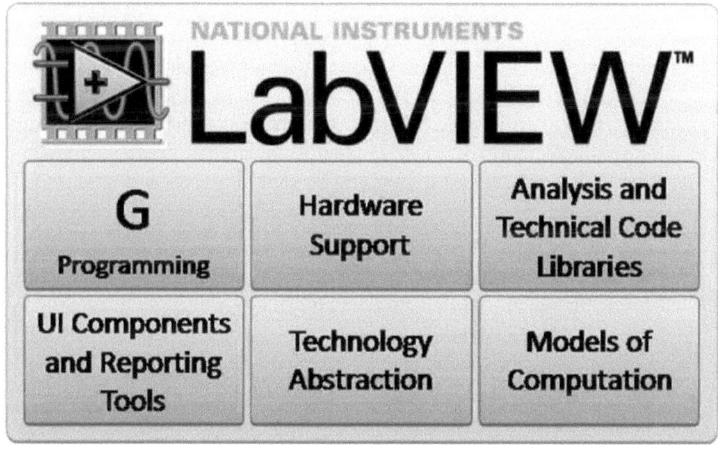

2.2 Programação do fluxo de dados :

A linguagem de programação utilizada no LabVIEW, também conhecida por G, é uma linguagem de programação de fluxo de dados. A execução é determinada pela estrutura de um diagrama de blocos gráfico (o código-fonte do LV) no qual o programador liga diferentes nós funcionais desenhando fios. Estes fios propagam variáveis e qualquer nó pode ser executado logo que todos os seus dados de entrada estejam disponíveis. Como isto pode acontecer em vários nós simultaneamente, G é intrinsecamente capaz de execução paralela. O hardware multiprocessador e multithreading é automaticamente explorado pelo programador incorporado, que multiplexa vários threads do sistema operativo em nós prontos para execução [2].

2.3 Programação gráfica :

Os programas/subprogramas LabVIEW são chamados instrumentos virtuais (VIs). Cada VI tem três elementos: um diagrama de blocos, um painel frontal e um painel de conectores. O painel de conectores é utilizado para representar o VI nos diagramas de blocos de outros VIs que o chamam. Os comandos e indicadores do painel frontal permitem que um operador introduza ou recupere dados de um instrumento virtual em execução. No entanto, o painel frontal também pode ser utilizado como uma interface de programação. Desta forma, um instrumento virtual pode funcionar como um programa, com o painel frontal a funcionar como interface de utilizador ou, quando largado, como um nó no diagrama de blocos. O painel frontal define as entradas e saídas para um determinado nó através do painel de conectores. Isto significa que cada VI pode ser facilmente testado antes de ser integrado como um subprograma num programa maior. A abordagem gráfica também permite que os não-programadores criem programas arrastando e largando representações virtuais de equipamento de laboratório com o qual já estão familiarizados. O ambiente de programação LabVIEW, com os seus exemplos e documentação incluídos, facilita a criação de pequenas aplicações [2].

2.4 Benefícios

- Uma das vantagens do LabVIEW em relação a outros ambientes de desenvolvimento é o seu amplo suporte para acesso a hardware de instrumentação.

- As interfaces de controladores fornecidas permitem poupar tempo no desenvolvimento de programas. O argumento de venda da National Instruments é que mesmo as pessoas com pouca experiência em programação podem escrever programas e implementar soluções de ensaio em menos tempo do que com sistemas mais convencionais ou concorrentes ( ).
- Uma nova topologia de driver de hardware (DAQmx Base), que consiste principalmente em componentes codificados por G com apenas algumas chamadas de registo através das funções NI Measurement Hardware DDK (Driver Development Kit), fornece acesso de hardware independente de plataforma a muitos dispositivos de aquisição de dados e instrumentação.
- O controlador DAQmx Base está disponível para LabVIEW nas plataformas Windows, Mac OS X e Linux [2].

2.4.1 Caraterísticas do LABVIEW

Um VI é composto por três partes principais: um **painel frontal**, um **diagrama de blocos** e **um ícone**.

- ***O painel frontal*** é a interface interactiva do utilizador de um VI, assim chamada porque simula e apresenta a saída no painel frontal de um instrumento físico (ver figura). O painel frontal pode conter botões, botões de pressão, gráficos e muitos outros controlos (que são entradas do utilizador) e indicadores (que são saídas do programa). O utilizador pode introduzir dados utilizando um rato e um teclado e visualizar os resultados produzidos pelo seu programa no ecrã [2].

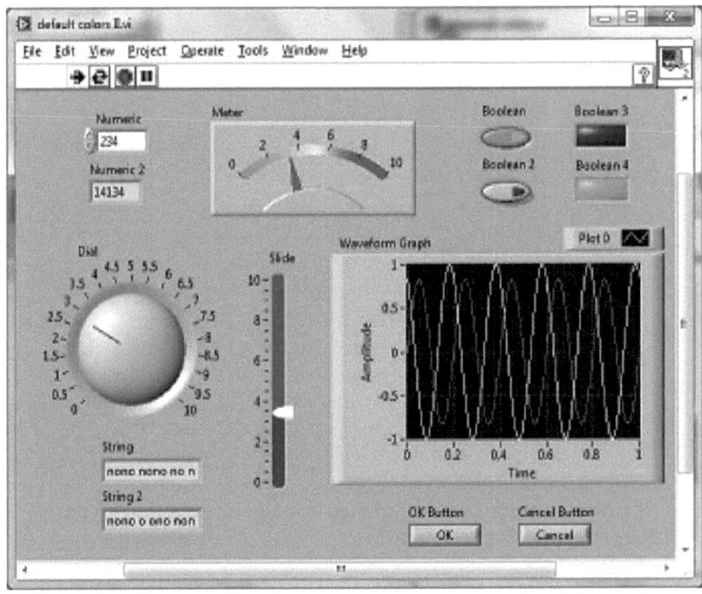

Fig. 2.2Painel frontal

- O ***diagrama de blocos*** é o código fonte do VI, construído no LabVIEW utilizando a linguagem de programação gráfica G (ver figura). O diagrama de blocos é o próprio programa executável. Os componentes de um diagrama de blocos são VIs de nível inferior, funções incorporadas, constantes e estruturas de controlo da execução do programa. Desenha-se fios para ligar os objectos apropriados e definir o fluxo de dados entre eles. Os objectos do painel frontal têm terminais correspondentes no diagrama de blocos, de modo a que os dados possam fluir do utilizador para o programa e vice-versa [2].

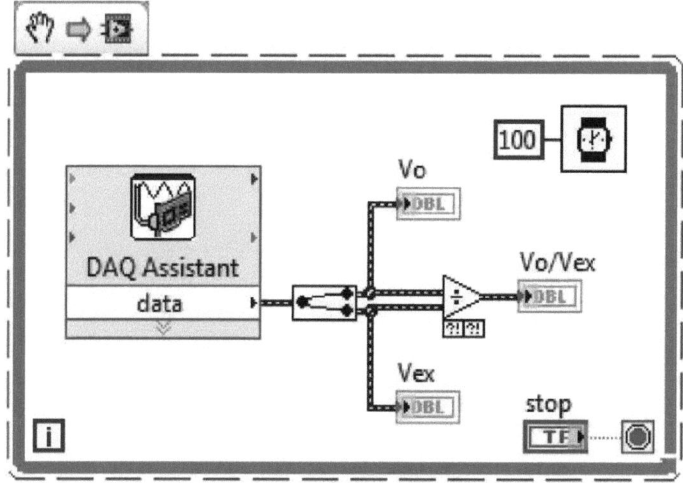

Fig.2.3 Diagrama de blocos

Os componentes de um diagrama de blocos pertencem a uma de três classes:

- **Nós:** elementos de execução do programa.

- **Terminais:** Portas através das quais os dados passam entre o diagrama de blocos e o painel frontal, e entre os nós. Um terminal é um ponto ao qual se pode ligar um fio para passar dados.

- **Fios:** Caminhos de dados entre terminais

(a) Nós

Existem três tipos de nós:

- Funções: As funções são nós incorporados, como a adição de um número, a entrada/saída de um ficheiro.
- SubVI: Os nós SubVI são VIs que desenha e depois chama a partir de outra VI.
- Estrutura: As estruturas controlam o fluxo do programa, como os loops "for" e "while" [3].

Para utilizar um VI como um subprograma no diagrama de blocos de outro VI, este deve ter um ***ícone*** com um *conetor* (ver figura). Um VI usado dentro de outro VI é chamado de *sub-VI* e é análogo a um subprograma. O ícone é a representação pictórica de um VI e é utilizado como um objeto no diagrama de blocos de outro VI. O conetor VI é o mecanismo utilizado para ligar dados ao VI a partir de outros diagramas de blocos quando o VI é utilizado como um sub-VI. Tal como os parâmetros de um subprograma, o conetor define as entradas e saídas do VI [2].

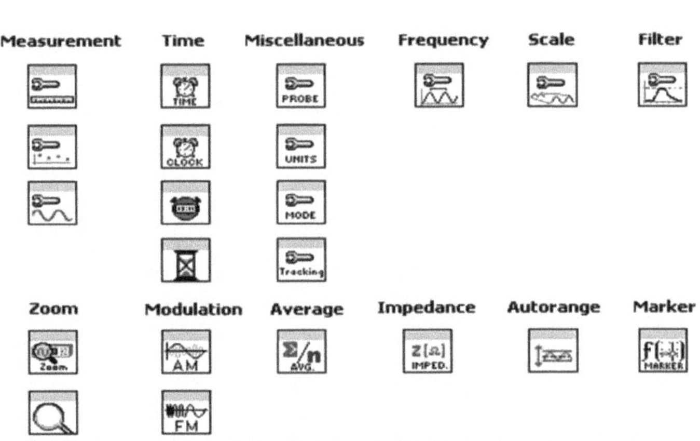

Fig. 2.4: Ícones

Trabalho anterior

Muitas pessoas já realizaram investigação neste domínio. Foram construídos muitos sistemas de automatização. Mas todos eles são baseados em microcontroladores. Tanto quanto sabemos, existe apenas um trabalho apresentado na referência [4] que utiliza o LabVIEW.

CAPÍTULO 3
DESCRIÇÃO E ESPECIFICAÇÃO DO H A RDWARE

3.1 NI DAQmx 6009

Fig 3.1(a) Mapa utilizado neste trabalho - NI DAQmx 6009

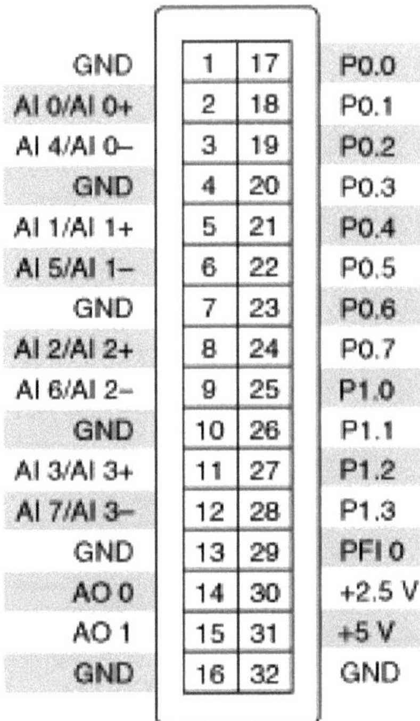

Fig 3.1(b) Pinagem DAQmx

As principais caraterísticas do NI USB-6009 são as seguintes:

- **Entrada analógica (AI)**: 8 entradas com acoplamento de sinal referenciado de extremidade única ou 4 entradas com acoplamento de sinal diferencial. Gamas de tensão configuráveis por software: ±20V, ±10V, ±5V, ±4V, ±2,5V, ±2V, ±1,25V, ±1V. A taxa de amostragem máxima é de 48kS/s (48.000 amostras por segundo). Conversor AD de 14 bits (USB-6008: 12 bits).
- **Saída analógica (AO)**: 2 saídas. A gama de tensões é de 0 a 5V (fixa). A taxa de saída é de 150Hz (amostras/segundo). Conversor DA de 12 bits.
- **Entrada digital (DI) e saída digital (DO)**: 12 canais que podem ser utilizados como DI ou DO (configurados individualmente). Estes 12 canais

estão organizados em portas, tendo a porta 0 as linhas 0, ..., 7 e a porta 1 as linhas 0, ..., 3. A entrada baixa situa-se entre -0,3 V e +0,8 V. A entrada alta situa-se entre 2,0 V e +5,8 V. A entrada alta está compreendida entre 2,0 V e +5,8 V. A saída baixa é inferior a 0,8 V. A saída alta é superior a 2 V (com opções de dreno aberto e push-pull). (O USB-6008 só tem uma saída de dreno aberto).

- **Contador:** 32 bits. Contagem na borda descendente.
- **Fontes de tensão integradas** (disponíveis em terminais individuais): 2,5V e 5,0V
- **Fonte de alimentação**: O USB-6009 é alimentado pelo cabo USB.
- **Configuração e teste**: O USB-6009 pode ser configurado e testado utilizando o MAX (Measurement and Automation Explorer) 4.0, que é instalado com o NI-DAQ 8.0. Este está disponível no CD fornecido com o dispositivo e também pode ser descarregado gratuitamente a partir de http://ni.com (o ficheiro NI-DAQ 8.0 tem aproximadamente 0,5 GB). **Software de aplicação**: LabVIEW, C ou Visual Studio. Plataformas: Windows, Mac, Linux. Este documento apresenta um exemplo de utilização do USB-6009 no LabVIEW [4].

3.2 Criar um dispositivo simulado DAQmx

1. Abrir o Measurement & Automation Explorer (MAX). Os dispositivos simulados NI-DAQmx são criados no MAX. A menos que a função tenha sido desmarcada durante a instalação, o MAX foi instalado ao mesmo tempo que o NI-DAQmx. Se o MAX não estiver instalado, será necessário modificar a instalação do NI-DAQmx.

2. Clique com o botão direito do rato em **O meu sistema>>Dispositivos e interfaces** e selecione **Criar novo... (Criar novo).** Na caixa de diálogo seguinte, selecione **Dispositivo NI-DAQmx Simulado ou Instrumento Modular**. A janela **Criar dispositivo NI-DAQmx simulado** solicitará a seleção de um dispositivo.

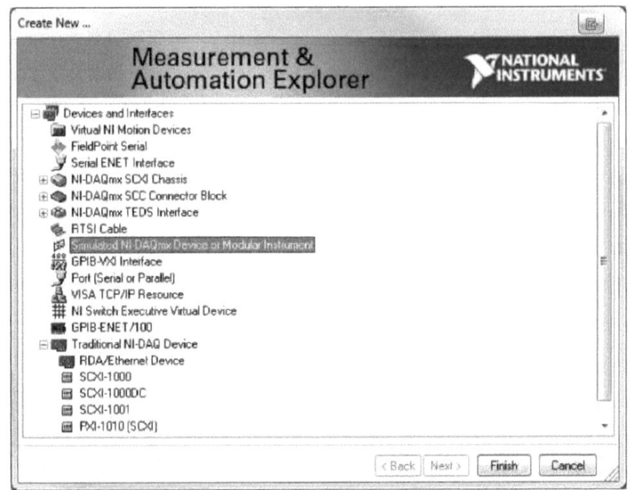

Fig. 3.2(a) Criar um dispositivo NI-DAQmx simulado no MAX.

3. Selecione o dispositivo que pretende criar como um dispositivo simulado NI-DAQmx. Esta lista permite-lhe navegar pelas centenas de dispositivos suportados pelo NI-DAQmx. É possível criar um dispositivo simulado NI-DAQmx a partir de qualquer dispositivo suportado pelo NI-DAQmx, com exceção dos dispositivos SCXI-1600 (NI-DAQmx 7.4 e posterior), USB-6008, USB-6009, USB-6501 e Série B.

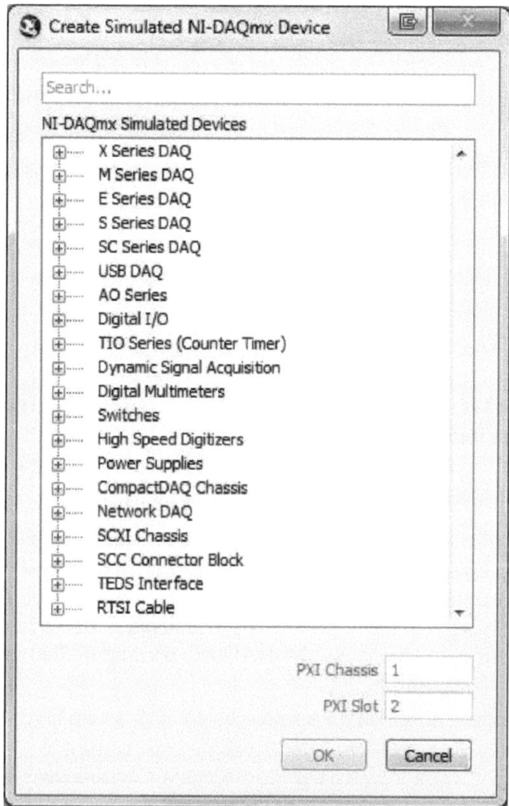

Fig. 3.2 (b) Escolha entre centenas de dispositivos suportados pelo NI-DAQmx.

4. Clique em **OK** na janela **Criar dispositivo NI-DAQmx simulado** para fechar a janela. O dispositivo NI-DAQmx simulado aparece no MAX. Os dispositivos NI-DAQmx simulados têm uma cor de ícone diferente dos dispositivos reais. Os dispositivos reais são verdes e o chassis é cinzento, enquanto os dispositivos simulados e o chassis são amarelos [4].

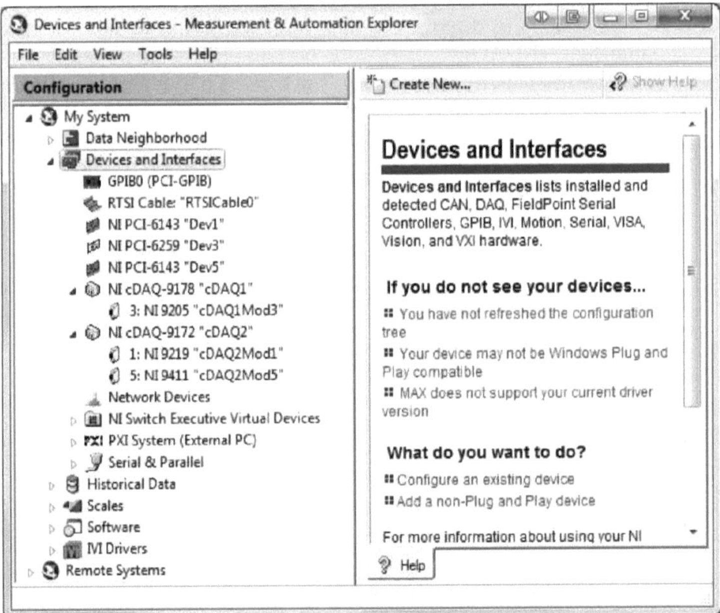

Fig 3.2 (c) Os dispositivos NI-DAQmx simulados listados em MAX têm ícones amarelos.

3.3 Utilizar um dispositivo simulado NI-DAQmx

Um dispositivo NI-DAQmx simulado funciona exatamente como um dispositivo real. É possível utilizar dispositivos simulados NI-DAQmx para criar tarefas NI-DAQmx através do DAQ Wizard ou da API. Como um dispositivo real não é mais necessário para criar uma tarefa NI-DAQmx, os dispositivos simulados NI-DAQmx permitem que os desenvolvedores façam o seguinte:

- Começar a desenvolver a aplicação e a lógica sem hardware
- Desenvolver a lógica da aplicação numa máquina que não seja o sistema de destino
- Avaliar as funcionalidades de aquisição do software da National Instruments sem possuir qualquer hardware.

Esta secção do tutorial descreve como criar uma tarefa NI-DAQmx utilizando o assistente DAQ e, em seguida, utilizar a tarefa para adquirir dados simulados no LabVIEW ou no LabVIEW Signal Express.

1. Complete a secção anterior para criar um dispositivo NI-DAQmx simulado no MAX.

2. Criar uma tarefa NI-DAQmx no assistente de DAQ.
Clique com o botão direito do rato em **O meu sistema>>Vizinhança de dados>>Tarefas NI-DAQmx** e selecione **Criar nova tarefa NI-DAQmx.** Uma janela solicitará a seleção do tipo de medição.

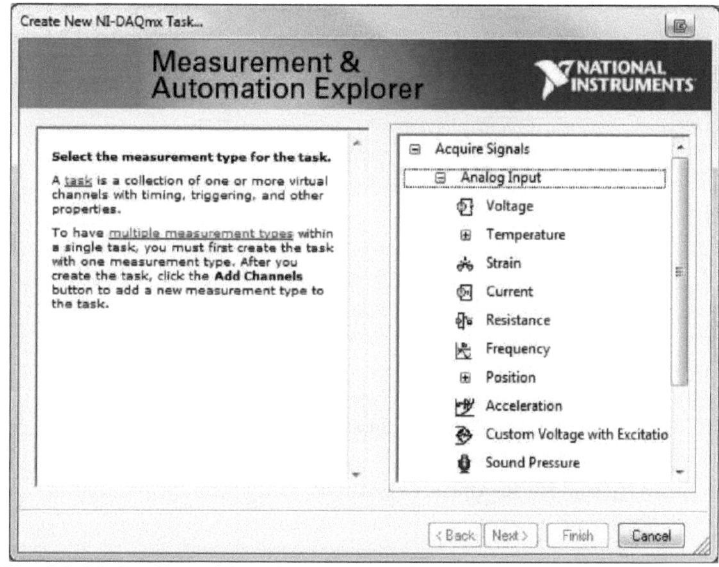

Fig. 3.3 (a) Os dispositivos NI-DAQmx simulados listados em MAX têm ícones amarelos.

b. Selecione **Adquirir Sinais>>Entrada Analógica>>Tensão** como o tipo de medição para esta tarefa. É-lhe pedida uma janela para selecionar os canais físicos.

c. Selecione um ou mais canais no dispositivo simulado NI-DAQmx. Tanto os dispositivos NI-DAQmx reais como os simulados estão disponíveis para criar tarefas NI-DAQmx, e o DAQ Assistant não faz distinção entre eles. Se não tiver a certeza de qual o dispositivo que está a ser simulado, consulte a cor do ícone do dispositivo no MAX. Os ícones verdes indicam um dispositivo real e os ícones amarelos indicam um dispositivo simulado pelo NI-DAQmx. Mantenha premida a tecla Ctrl para selecionar vários canais individualmente, ou a tecla Shift para selecionar uma série de canais.

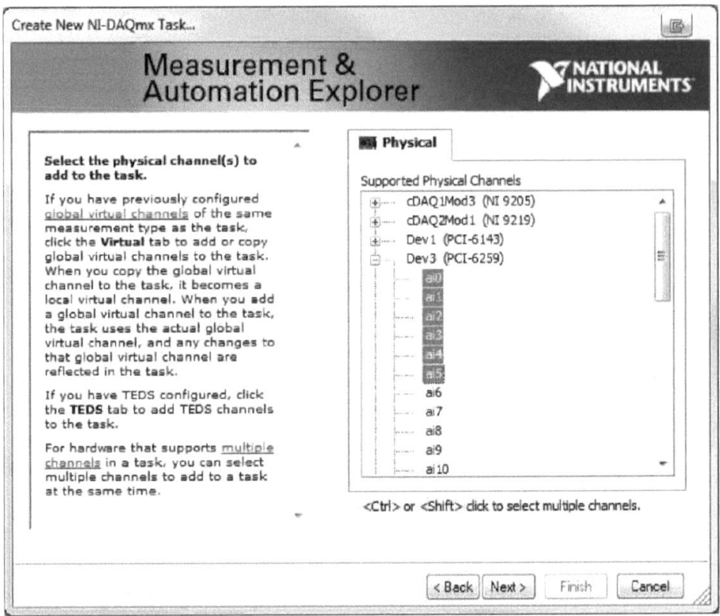

Fig.3.3 (b) Passo 2 do assistente DAQ: Selecione o(s) canal(is) físico(s).

d. Clique em **Seguinte.** O assistente DAQ pede-lhe para dar um nome descritivo à tarefa.

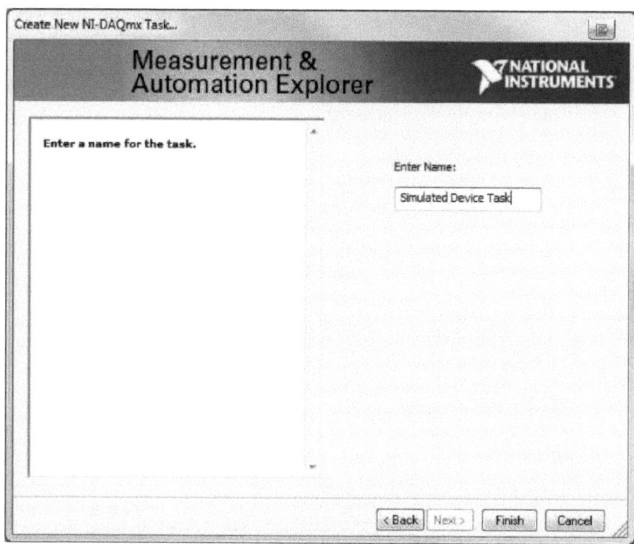

Fig. 3.3 (c) Atribuir um nome descritivo à tarefa.

e. Clique em **Concluir.** É aberta uma janela que lhe pede para adicionar informações de sincronização à tarefa, bem como para adicionar escalas personalizadas, adicionar ou remover canais virtuais, apresentar um diagrama de ligação, etc. Para saber mais sobre o assistente DAQ, consulte a ajuda do assistente DAQ.

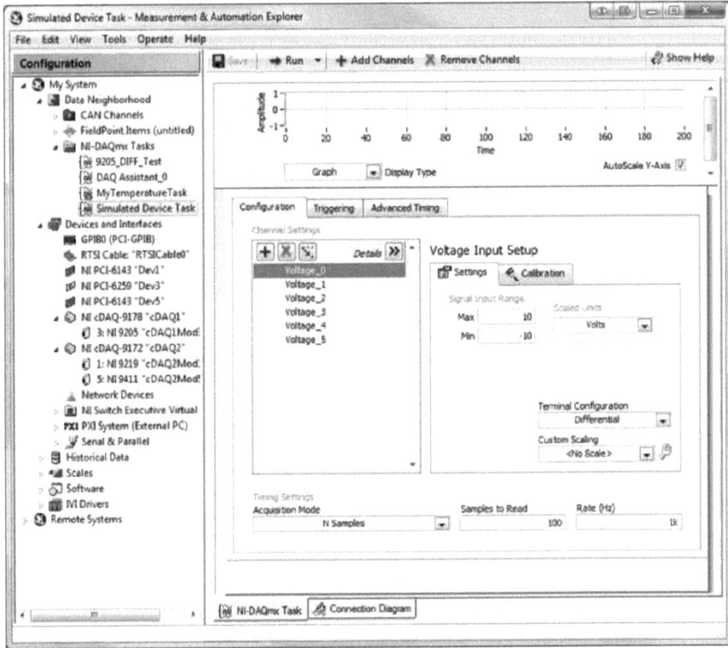

Fig.3.3 (d) Configure a sua tarefa no assistente DAQ.

g. Clique em **Executar** na barra de ferramentas na parte superior da página. Dispositivos NI-DAQmx simulados e dispositivos reais podem ser testados no Assistente de DAQ. Observe que a onda senoidal com ruído é retornada como dados simulados nos canais da tarefa DAQ.

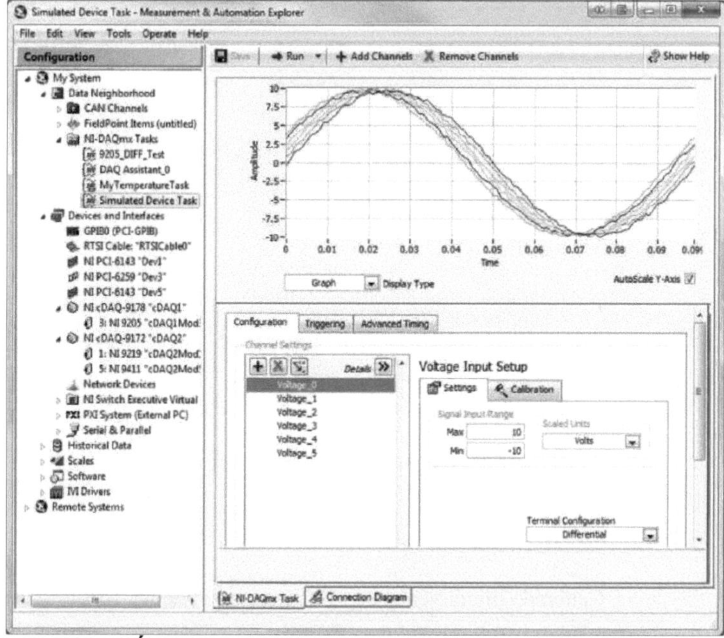

Fig. 3.3 (e): É possível testar tarefas NI-DAQmx para dispositivos NI-DAQmx simulados para detetar erros e visualizar dados simulados.

h. Guardar a tarefa NI-DAQmx [4].

3.4 Sensor de temperatura LM35

A série LM35 é constituída por sensores de temperatura de circuitos integrados de precisão cuja tensão de saída é linearmente proporcional à temperatura Celsius (centígrada). Isto dá ao LM35 uma vantagem sobre os sensores de temperatura lineares calibrados em ° Kelvin, uma vez que o utilizador não tem de subtrair uma grande tensão constante da sua saída para conseguir uma escala prática em graus centígrados [5].

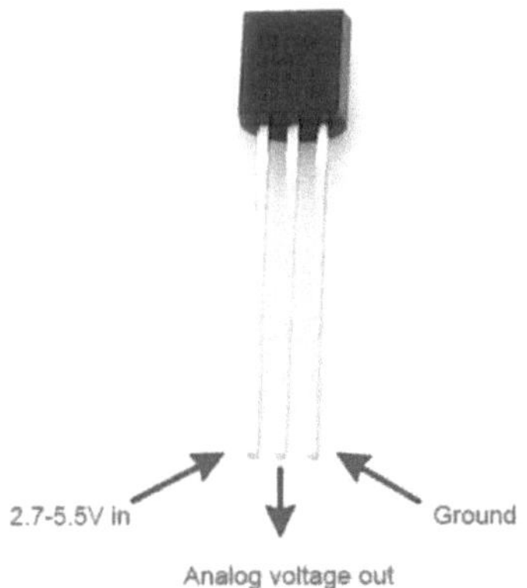

Fig. 3.4: Sensor de temperatura - LM35

3.4.1 Caraterísticas do LM35

- Calibrado diretamente em º Celsius (centígrados)
- Linear + 10,0 mV/ºC fator de escala
- Precisão garantida de 0,5ºC (a +25ºC)
- Classificado para uma gama completa de -55º a +150º C
- Adequado para aplicações remotas
- Baixo custo graças ao corte ao nível da bolacha
- Funciona de 4 a 30 volts
- Consumo de corrente inferior a 60 pA
- Baixo auto-aquecimento, 0,08ºC ao ar livre
- Não linearidade apenas ±1/4ºC típica
- Saída de baixa impedância, 0,1 Q para uma carga de 1mA [5].

3.4.2 Aplicações para o sensor de temperatura LM35

- Sobreaquecimento do radiador
- Carregadores de bateria
- Exploração de petróleo [5].

3.5 LDR

Uma **resistência dependente da luz** (LDR) ou fotoresistor é um dispositivo cuja resistividade é função da radiação electromagnética incidente. São, por conseguinte, dispositivos sensíveis à luz. São também conhecidos como fotocondutores, células fotocondutoras ou simplesmente células fotoeléctricas. São feitos de materiais semicondutores de alta resistência. Existem muitos símbolos diferentes para indicar um **LDR**, um dos mais utilizados é mostrado na figura abaixo. A seta indica a luz que incide sobre o LDR.

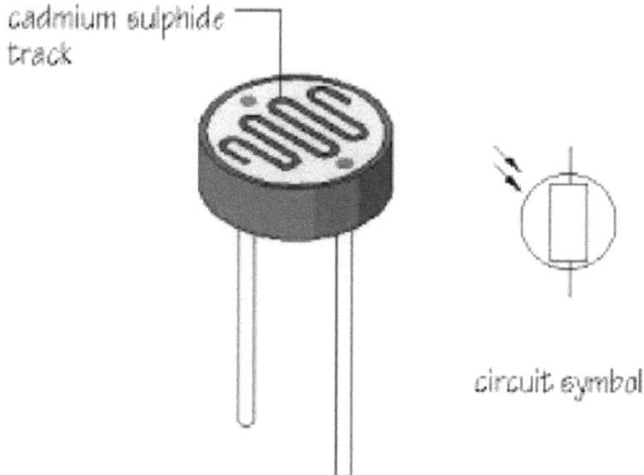

Fig. 3.5 LDR

Os LDRs são dispositivos dependentes da luz, cuja resistência diminui quando a luz incide sobre eles e aumenta no escuro. Quando um resistor **dependente de luz** é mantido no escuro, sua resistência é muito alta. Esta resistência é designada por resistência no escuro. Pode atingir 1012 Ω. Se o dispositivo absorver luz, a sua resistência diminui consideravelmente. Se for aplicada uma tensão constante e a intensidade da luz for aumentada, a corrente começa a aumentar. A figura abaixo mostra a curva de resistência versus iluminação para um determinado **LDR [6].**

3.5.1 Aplicações LDR

Os LDRs têm um baixo custo e uma estrutura simples. São frequentemente utilizados como sensores de luz. São utilizados quando é necessário detetar a ausência ou a presença de luz, como num contador de luz de uma câmara. São utilizados em candeeiros de rua, relógios de alarme, circuitos de alarme, medidores de intensidade luminosa, para contar pacotes que se deslocam numa correia transportadora, etc [6].

3.6 Detetor de movimento

Um sensor de movimento é um dispositivo que detecta movimentos físicos num dispositivo ou num ambiente. Tem a capacidade de detetar e captar movimentos físicos e/ou cinéticos em tempo real. Um sensor de movimentos é também conhecido como detetor de movimentos.

Fig. 3.6 Sensor de movimento PIR

O sensor de movimento é um sensor de deteção humana por infravermelhos que, ao contrário dos sensores de automação utilizados em equipamentos industriais, foi concebido para ser incorporado em vários dispositivos que nos rodeiam no dia a dia.

Todos os objectos na Terra emitem luz, dependendo da sua temperatura e das caraterísticas da sua superfície. Naturalmente, o nosso corpo também emite luz (radiação infravermelha). (Esta radiação é emitida pela superfície do corpo e centra-se num comprimento de onda de 10 horas). Quando uma pessoa entra na zona de deteção do sensor, a quantidade de radiação infravermelha incidente no sensor varia em função da diferença de temperatura entre a superfície do corpo e o fundo. O princípio de funcionamento dos sensores de movimento é o seguinte: estes sensores detectam a presença de um corpo humano através da deteção da variação da radiação infravermelha incidente. Por outras palavras, o sensor é ativado pela diferença de temperatura entre o corpo humano (que é uma fonte de calor) e o chão, as paredes e outros objectos que formam o fundo [7].

3.6.1 Caraterísticas do detetor de movimentos

- **Saída:** Impulso digital alto (3V) em caso de disparo (movimento detectado), impulso digital baixo em caso de inatividade (nenhum movimento detectado). A duração do impulso é determinada por resistências e condensadores na placa de circuito impresso e difere de sensor para sensor.
- **Fonte de alimentação:** Tensão de entrada 3,3V - 5V

3.6.2 As aplicações em vários casos especiais são as seguintes:

- Acionar uma campainha quando alguém se aproxima da porta de entrada.
- Alerta-o quando as crianças entram em áreas restritas da casa, como a cave, a sala de treino ou o armário de medicamentos.
- Poupa energia ao desligar a iluminação em espaços não ocupados.
- Avisar se os animais de estimação entrarem em áreas onde não é suposto estarem.
- Abrir e fechar torneiras de água e sanitas automáticas.
- Acende automaticamente as luzes ao detetar movimento quando alguém entra numa divisão.
- Para controlar os ecrãs ATM.
- Nas caixas multibanco.
- Para alguns parquímetros

3.7 LED

Um díodo emissor de luz é constituído por dois semicondutores. Um é do tipo P, com "buracos" de carga positiva, e o outro é do tipo N, com electrões de carga negativa. Quando o lado P é ligado à fonte de alimentação e o lado N à terra, a corrente flui através do díodo (sentido de avanço P->N). Os electrões e os buracos combinam-se, neutralizando-se mutuamente. Isto liberta energia sob a forma de luz. A energia é libertada num comprimento de onda constante, que determina a cor de um LED [8].

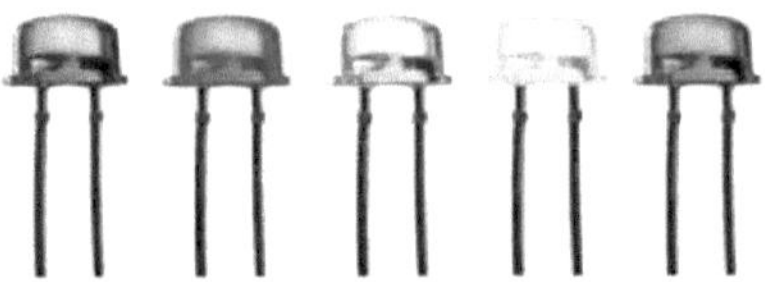

Fig. 3.7 LED

CAPÍTULO 4

CONCEPÇÃO DO SISTEMA

4.1 Conceção

Este capítulo apresenta o diagrama de blocos, ou seja, o código fonte, com o painel frontal que reflecte o resultado da interface com diferentes tipos de sensores, que são os seguintes

- Sensor de temperatura-LM35
- LDR
- Detetor de movimento PIR

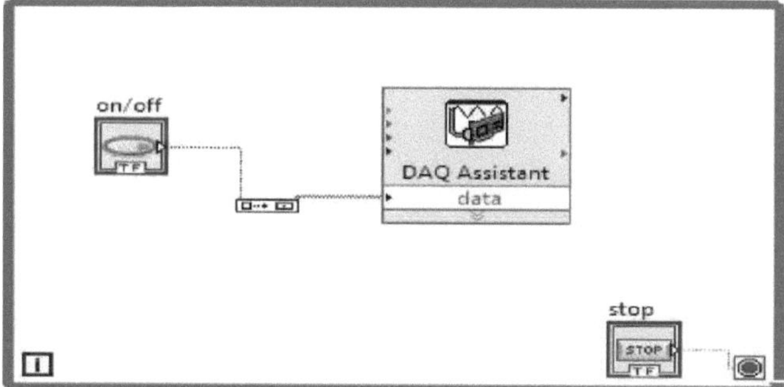

Fig. 4.1(a): Diagrama de blocos da interface LED

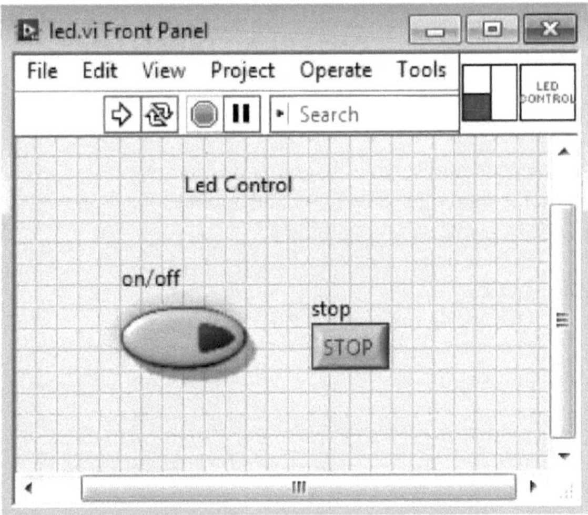

Fig. 4.1 (b): Painel frontal

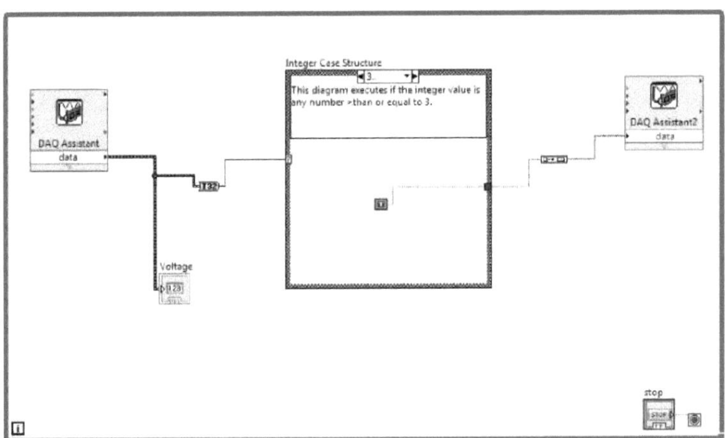

Fig. 4.2 (a): Diagrama de blocos da interface LDR

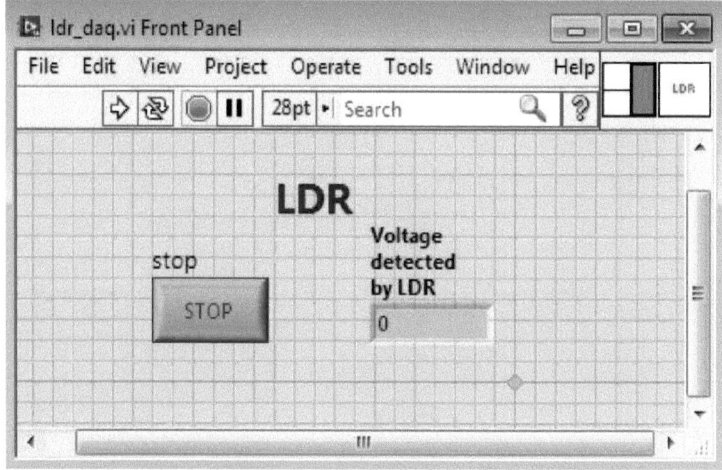

Fig. 4.2 (b): Painel frontal

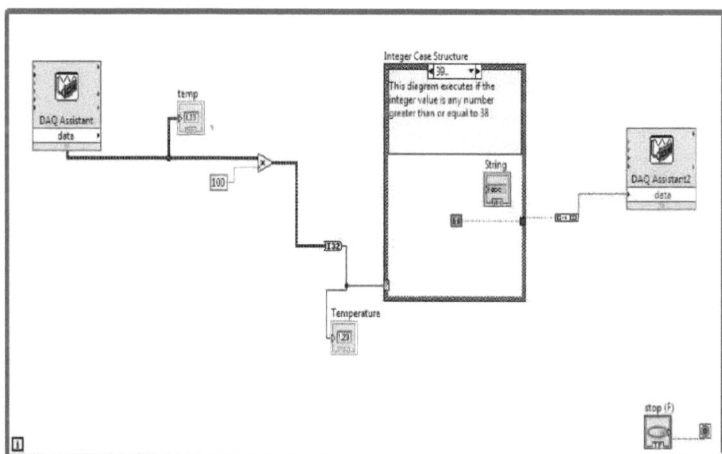

Fig. 4.3 (a): Diagrama de blocos da interface do sensor de temperatura LM35

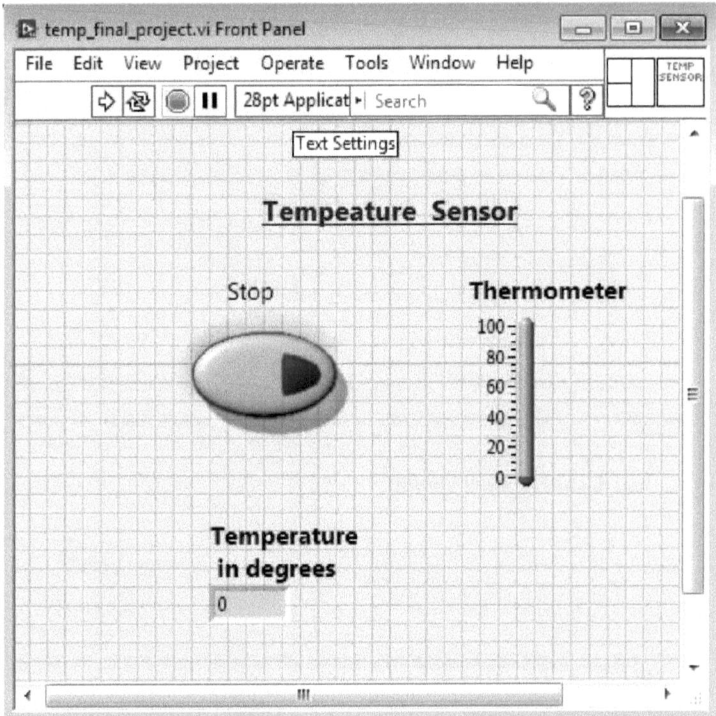

Fig. 4.3(b) : Painel frontal

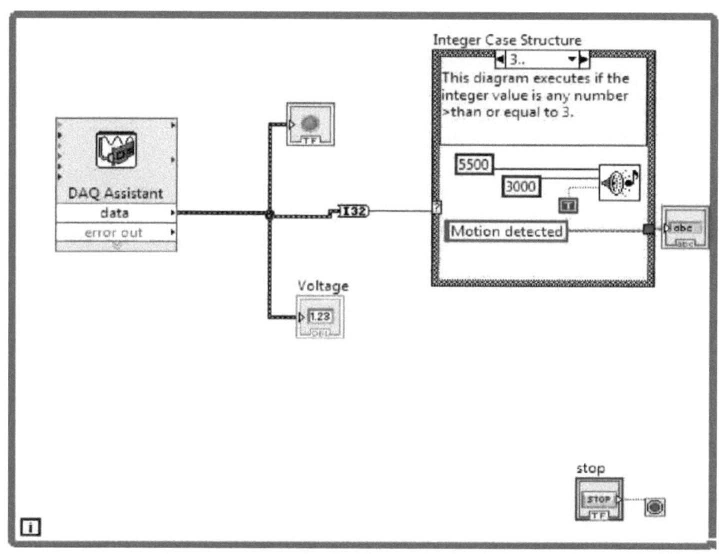

Fig. 4.4(a): Diagrama de blocos da interface com o sensor de movimentos PIR

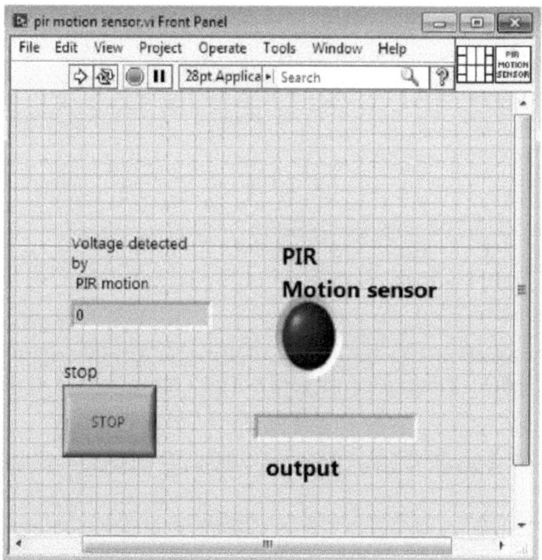

Fig. 4.4(b) : Painel frontal

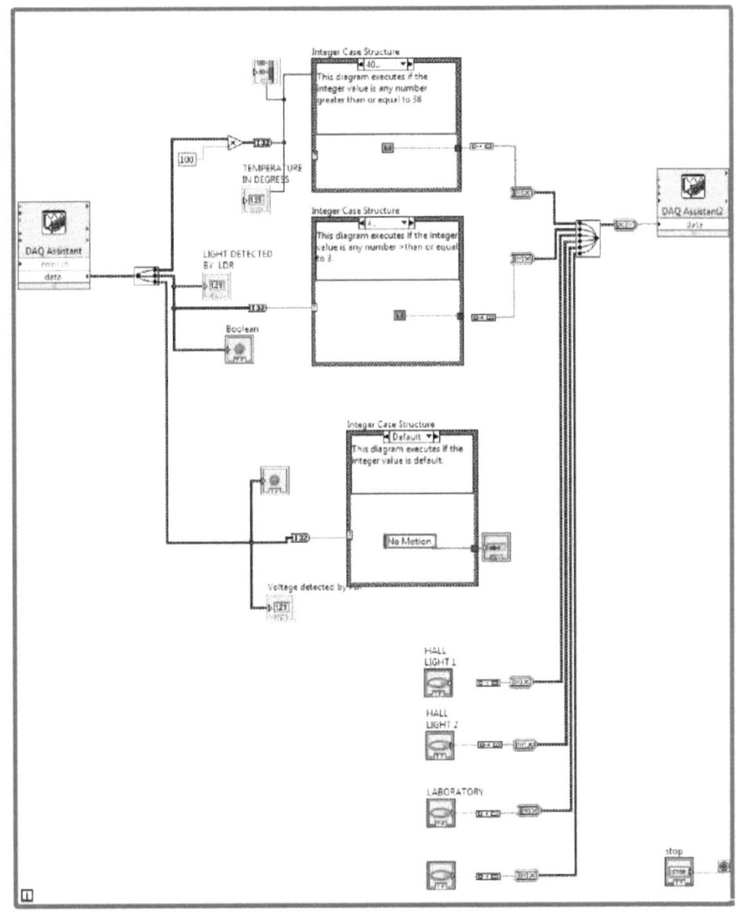

Fig. 4.5(a): Diagrama de blocos final da interface com todos os sensores a funcionar em conjunto

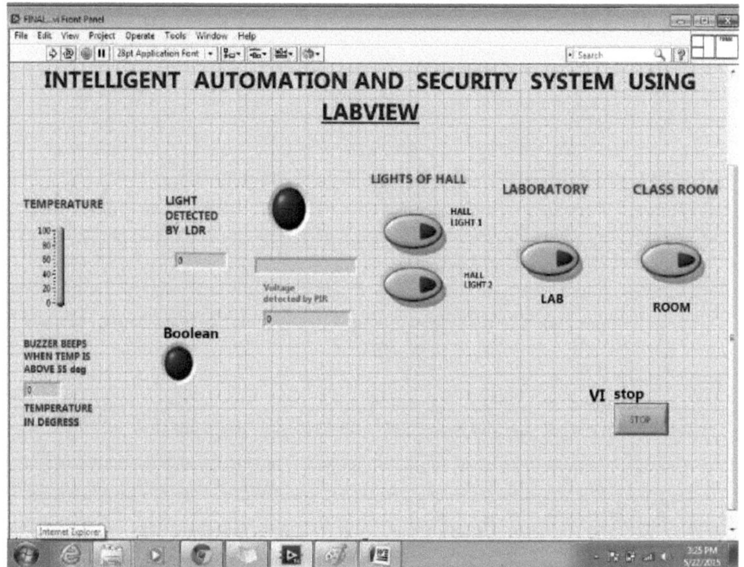

Fig. 4.5(b) : Painel frontal

4.2 Execução

4.2.1 LED

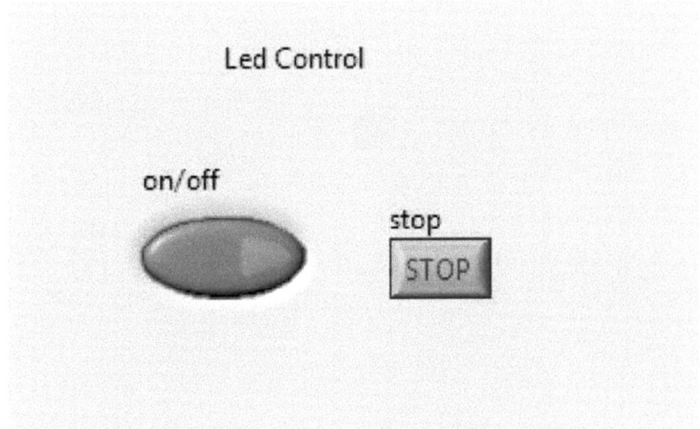

Fig. 4.6. O VI de funcionamento do LED

4.2.2 LDR

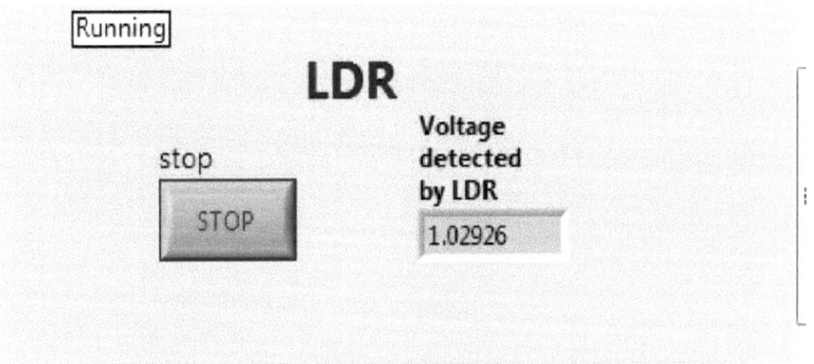

Fig. 4.7. A execução do LDR VI

4.2.3 Sensor de temperatura LM35

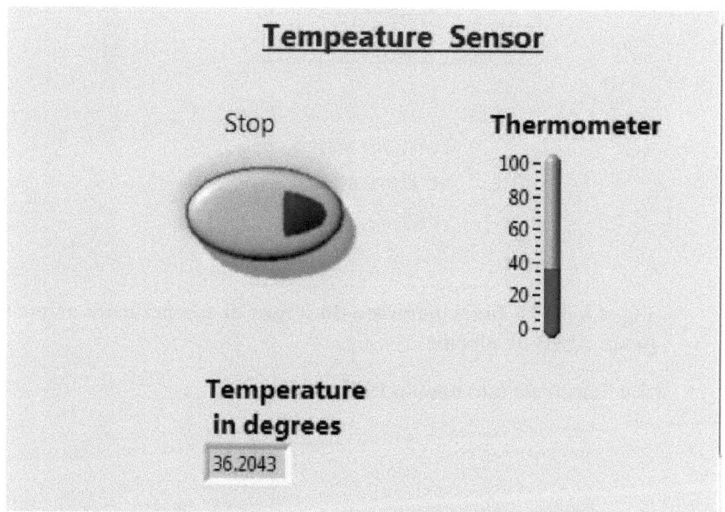

Fig. 4.8 (a) O valor VI do sensor de temperatura é inferior a 37 graus O alarme não é acionado

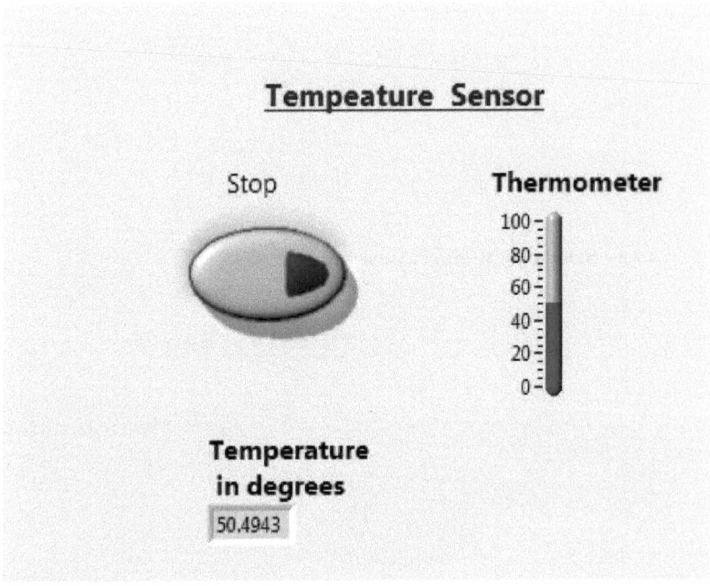

Fig. 4.8 (b) VI funcionamento do sensor de temperatura acima de 45 graus Anéis de alarme

4.2.4 Sensor de movimento PIR

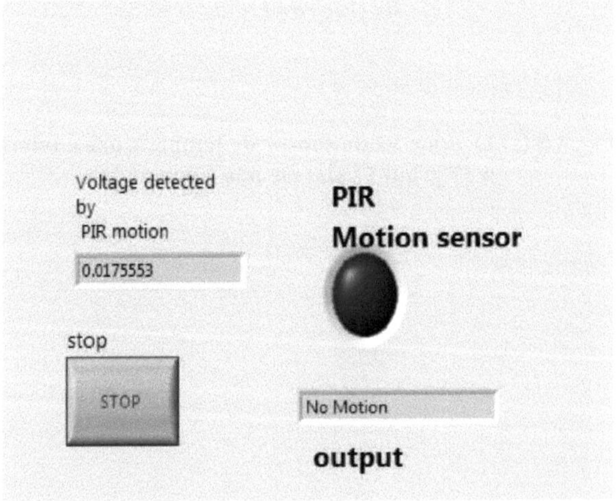

Fig. 4.9 (a) Execução VI do sensor de movimento PIR sem movimento detectado

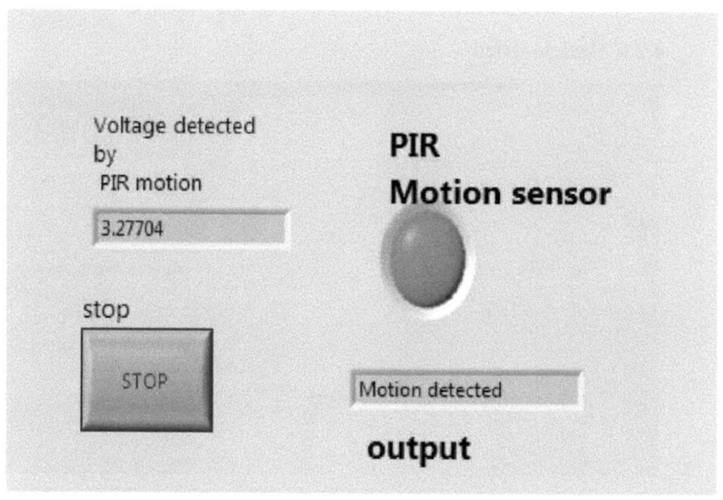

Fig. 4.9 (b) Execução da VI do sensor de movimentos PIR que detecta movimentos

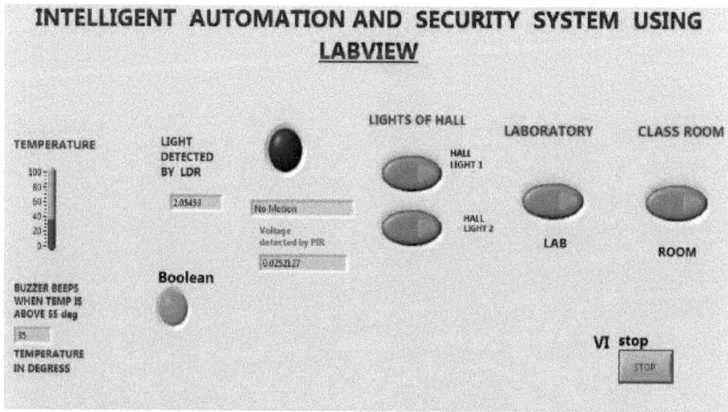

4.2.5 Montagem final de todos os sensores numa única unidade

Fig. 4.10 Funcionamento da unidade final VI

4.2.6 Modelo físico

Fig. 4.11 Modelo real

CAPÍTULO 5
MELHORIAS FUTURAS E CONCLUSÕES

5.1 CONCLUSÃO

Este projeto descreve a implementação de um protótipo de sistema inteligente de automação e segurança com um PC e um NI DAQ6009 usando LabVIEW.

O principal objetivo deste projeto é conceber e implementar um sistema para uma casa inteligente. O sistema é controlado pelo software LabVIEW. O sistema de casa inteligente foi suportado por um PC e um NI DAQ6009 ligado a vários sensores. Monitoriza o aumento da temperatura, o movimento e controla automaticamente as luzes. A casa parece "inteligente" porque os seus sistemas informáticos podem monitorizar muitos aspectos da vida quotidiana. O projeto funciona bem e pode ser melhorado com muitas funções adicionais.

5.2 MELHORIA FUTURA

No futuro, a casa inteligente terá um conteúdo mais rico, não se limitando aos electrodomésticos e ao controlo do ambiente doméstico. Pode ser melhorada através da adição de uma série de sensores, por exemplo

- Sensor de câmara, que capta a imagem real da operação.
- Também pode ser ligado a muitos tipos de placas DAQ com um maior número de entradas e saídas.
- No futuro, este projeto pode ser tornado sem fios utilizando módulos de transmissão e receção sem fios.
- Também pode ser utilizado para operações remotas ou perigosas, em que é impraticável e perigoso utilizar um operador humano.
- Pode ser adicionado um módulo GSM para enviar alertas por SMS.
- O sistema pode ser protegido por palavra-passe ou por biometria.
- Podem ser utilizados sensores de gás específicos para detetar fugas.

REFERÊNCIAS

1. http://www.slideshare.net/kalyanpalwai5/design-implementation-of-smart- controlo-da-casa-utilizando-laboratório-
2. viewhttp://home.hit.no/~hansha/documents/labview/training/Introduction%20 to%20LabVIEW/Introduction%20to%20LabVIEW.pdf
3. http://www.csun. edu/~rd436460/Labview/Lecture Overview.pdf
4. http://search.asee.org/search/fetch;jsessionid=1pwdwk1t62hwl?url=file://loca lhost/E:/search/conference/17/AC%25202008Full1149.pdf&index=conferenc e papers&space=129746797203605791716676178&type=application/pdf&c harset=
5. www.ni.com
6. http://www.ti. com/lit/ds/symlink/lm35.pdf
7. http://www.electrical4u.com/light-dependent-resistor-ldr-working-principle- de-ldr/
8. http://media.digikey.com/pdf/Data%20Sheets/Panasonic%20 Electric%20Wor ks%20PDF s/AMN%20Design%20Manual.pdfhttp://media. digikey.com/pdf/ Data%20Sheets/Panasonic%20Electric%20Works%20PDFs/ AMN%20Desig n%20Manual. pdf
9. http://techterms. com/definition/led

Printed by Books on Demand GmbH, Norderstedt / Germany